U0196638

中国精致建筑100

筑境

沈阳故宫

中国建筑工业出版社

出版说明

中国是一个地大物博、历史悠久的文明古国。自历史的脚步迈入新世纪大门以来，她越来越成为世人瞩目的焦点，正不断向世人绽放她历史上曾具有的魅力和光辉异彩。当代中国的经济腾飞、古代中国的文化瑰宝，都已成了世人热衷研究和深入了解的课题。

作为国家级科技出版单位——中国建筑工业出版社60年来始终以弘扬和传承中华民族优秀的建筑文化，推动和传播中国建筑技术进步与发展，向世界介绍和展示中国从古至今的建设成就为己任，并用行动践行着"弘扬中华文化，增强中华文化国际影响力"的使命。从20世纪80年代开始，中国建筑工业出版社就非常重视与海内外同仁进行建筑文化交流与合作，并策划、组织编撰、出版了一系列反映我中华传统建筑风貌的学术画册和学术著作，并在海内外产生了重大影响。

"中国精致建筑100"是中国建筑工业出版社与台湾锦绣出版事业股份有限公司策划，由中国建筑工业出版社组织国内百余位专家学者和摄影专家不惮繁杂，对遍布全国有历史意义的、有代表性的传统建筑进行认真考察和潜心研究，并按建筑思想、建筑元素、宫殿建筑、礼制建筑、宗教建筑、古城镇、古村落、民居建筑、陵墓建筑、园林建筑、书院与会馆等建筑专题与类别，历经数年系统科学地梳理、编撰而成。本套图书按专题分册，就其历史背景、建筑风格、建筑特征、建筑文化，结合精美图照和线图撰写。全套100册、文约200万字、图照6000余幅。

这套图书内容精练、文字通俗、图文并茂、设计考究，是适合海内外读者轻松阅读、便于携带的专业与文化并蓄的普及性读物。目的是让更多的热爱中华文化的人，更全面地欣赏和认识中国传统建筑特有的丰姿、独特的设计手法、精湛的建造技艺，及其绝妙的细部处理，并为世界建筑界记录下可资回味的建筑文化遗产，为海内外读者打开一扇建筑知识和艺术的大门。

这套图书将以中、英文两种文版推出，可供广大中外古建筑之研究者、爱好者、旅游者阅读和珍藏。

目录

沈阳故宫

沈阳故宫，堪称塞外紫禁城，创建于17世纪20年代，为清太祖努尔哈赤与太宗皇太极两代君王的皇宫。1644年，清军入关，移都北京，尊这里为陪都宫殿。作为一代王朝的发祥重地，一直受到清朝廷的关注和重视，专门拨派官兵管理守护，负责岁时修葺。盛京官员还要按制到宫殿望阙"坐班"和"朝贺"。康、乾、嘉、道四帝凡十次东巡盛京谒陵祭祖，每于礼成之后必至盛京旧宫瞻仰先皇胜迹，并于此举行隆重的庆典、筵宴和祭祀活动。

沈阳故宫为两期建筑。后金天命十年（1625年），努尔哈赤奠都沈阳，启建宫室及办事衙署。翌年八月病逝。其子皇太极继承了汗位，并在其草创的汗宫及大政殿与十王亭等建筑的基础上，按中原王朝"前朝后寝"的规制续建皇宫，即南迄南朝房、大清门、崇政殿、凤凰楼、清宁宫等中路建筑，亦即皇宫大内宫阙。以上，是为沈阳故宫的早期建筑。这些建筑多以满族特色见长，诸如反映清初八旗制度的大政殿与十王亭；满族民居式的帝后寝宫清宁宫等。诚然，在这些早期建筑中也吸收了汉、蒙、藏等民族建筑艺术的精华，反映了故宫早期建筑艺术的多元性。

乾隆八年（1743年），乾隆帝东巡盛京谒陵事毕，在审度盛京宫殿规制后，遂命在宫内大兴土木，先后增建东西所驻跸行宫。之后又建文溯阁、嘉荫堂及戏台等西路建筑，至18世纪中期，遂最后成就了一代皇宫的建筑风貌。

一、塞外都城

沈阳古城历史悠久，建城至今长达2300余年。由于它地处关外咽喉地段，历来被各方势力作为屯兵布防的战略节点。直至明末，它一直是东北地区一座重要的军城。后金天命十年（1625年）春三月，汗王努尔哈赤毅然放弃了位于辽东首府辽阳城旁刚刚建成的新都东京城，迁址形胜之地沈阳。从此，开启了沈阳城的新纪元，它成为满族继兴京赫图阿拉、东京辽阳之后的第三座都城——盛京城，随之又成为大清王朝的初创国都。

公元1636年，继承了汗位的皇太极正式称帝，改元崇德，国号大清，开始了清王朝200余年一统天下的帝国大业。在皇太极的推动下，对盛京城和盛京宫殿进行了大规模的建设。此后，又经过康熙和乾隆年间的几次扩建与完善，使这座原先的军城向着都城的规制与格局完成了质的跨越。

图1-1 沈阳城由军城到都城示意图

沈阳自战国建城伊始至明末，一直作为军城：方形城邑，围以城墙，每边设一座城门，十字形道路，中轴明确。皇太极改城建宫，盛京方显都城形制：八座城门，井字街，九宫格空间构架。

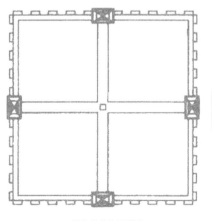

a 明及明前沈阳军城

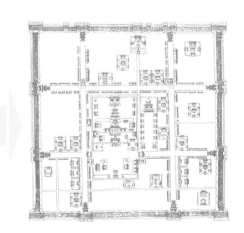

b 清盛京都城

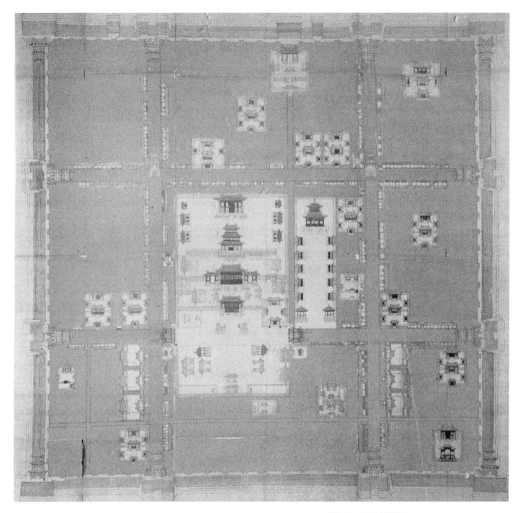

图1-2 盛京城阙图

此图为清朝绘制最早的盛京古城建筑图，用满文标注出清太祖努尔哈赤1625年迁都沈阳草创的汗王宫，即清太祖居住之宫及十一座王府（今已不存），以及今沈阳故宫东、中路早期建筑。同时标注出城门、角楼、坛庙、衙署等建筑。此图约绘于乾隆十一年以前

盛京都城内城外郭，两重城池；东西南北各设一塔，安镇四方。城邑的空间形态与格局同时体现着汉族与满族双重的营城思想，在中国古城营建史上，成为一个既充分地遵从汉城的城建规制，又浓烈展示着满城特征的孤例。

作为汉族都城的典型，它按照《周礼·考工记》和《王城图》对中国传统都城的营建规定，成为中国历史上最为贴近经典模式的古代都城之一。据《考工记·营国》所载，都城应："……面朝后市，左祖右社……"。盛京都城内城方正，道路呈棋盘式结构，皇宫居中，东有祖庙，西设社稷坛；六部（吏部、礼部、户部、兵部、刑部、工部）、两院（都察院、理藩院）等衙署建筑分布于皇宫前面的城南地带；市场、店铺则集中于皇宫后面后来被称为"四平街"（中街）一带——与《考工记》和《王城图》所描述的都城布局完全相符。这在中国各朝古都之中绝无仅有。甚至清

图1-3 盛京城功能布局示意图
皇宫居中（红色）；衙署位于宫殿之前（黄色）；市场在宫殿之后（绿色）；城东设祖庙（深蓝色，后移到皇宫大内左侧）；城西建有社稷坛（淡蓝色）。

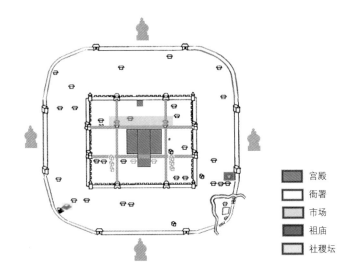

宫殿

衙署

市场

祖庙

社稷坛

代缪东霖在《陪都杂述》中对沈阳城的规划又曾作过"易学寓意"之评价："……城内中心庙为太极，钟鼓楼象两仪，八门象八卦。郭圆象天，城方象地。角楼敌楼各三层共三十六象天罡，内池七十二象地煞。角楼敌楼共十二象四季，城门瓮城各三象二十四气……。"可见盛京都城对汉文化的内在品质融汇至深。

只是在城邑的规模方面，对照《考工记》"方九里，旁三门"的标准，有所不足。由于它是在军城原址、原郭的基础上发展而来，方城每边不足九里。尺度的缩水，按实际功用的需求，则没有每边设置三座城门的必要，而是根据具体情况采用了"旁二门"的形式——构成了方城之内井字形的主路系统和九宫格式的空间格构。事实上，任何一座古代都城都没有完全机械地套用"规制"，也都结合实际情况对规制进行了合理的调整。

同时，盛京都城又在以下几个方面体现着"满城"的典型特征：

一是"宫殿分离"——"宫"为帝王居住之所，"殿"是皇帝朝政的地方。"宫殿"二字相伴，表明一般情况下，皇帝居住与朝政的建筑是组合在一起的。汉族按"前朝后寝"的建筑布局秩序与模式延续了几千年。然而，在早期的满城之中，汗王的宫与殿是分开设置的——在山地城中它们被分别选址于城中地势最高之处，并不相邻。努尔哈赤最初进入沈阳城，仍延续了这种习惯，将他的"汗王宫"建于方城改造之前内城的北门之内，而将他的办公之所——大政殿与十王亭建在内城中央。

筑境 中国精致建筑100

二是"宫城相融"——汉族皇帝出于安全防卫和权势彰显之目的，总是利用一层层的城墙把象征最高等级的宫殿群围在城市的中央。尤其是在内城外郭的包围之中还要再围绕皇宫修建一圈宫城（紫禁城）——在公众领域之中另外圈画出一个独立的、至上的界域。盛京城则不然，它继承了早期女真（满族的先民）古城的建造习惯，在两重城邑之内不再建造紫禁城，而是令宫殿群的空间与城市空间相互融合。除努尔哈赤时期的宫与殿分设两处之外，即使是朝政部分的大政殿与十王亭最初也根本不设围墙，全然是一座开放式的城市广场。将宫与殿完全置于城市的公共空间之中。后来由皇太极为自己所增建的"大内部分"（今沈阳故宫的中路）也并不顾忌被方城井字形街道中的一条（今"沈阳路"）所穿越，只是在街道经过大内的一段以"文德"和"武功"两座牌坊作为大内空间的界定标志。

三是"弱化中轴"——中轴线作为汉文化中重要的礼制元素，往往被强调到至上的地位。从座位排列，到建筑布局，再到城市格构，无不严格地遵循着中轴线的秩序进行安排，以示等级的不同和地位的尊卑。明代以前的沈阳城不无例外地按照这种规制，被赋予每边一座城门所形成的十字形街道系统，展示着强烈而明确的中轴式构图。然而，传统的满族文化中并没有中轴线的概念。当满族皇帝皇太极改造沈阳城时，头脑中固有的淡漠中轴线的惯性思维，使得他略视了中轴线的礼制性制约，取消了原城市中由十字形街道所构成的双向中轴系统。拆除了位于每边城墙正中的原城门，而在方城的每边城墙上另辟两门，形成了井字形的街道系统，极大地削弱了城市的中轴秩序，建立起更重实际也更接近都城规制的城市空间格局。

四是"八旗布防"——八旗是满族军队的军事编制，也是一种行政管理体系。各旗旗主管理自旗旗内事务，旗与旗之间不得越位干预。盛京城的城市空间也被划分为八块，八旗有其各自的布防领地，也即它们各自的管理范围。因此，盛京城在城市整体层面上，遵循规制，分区清晰。与此同时，在各旗的布防区域内，又按各旗不同的管理办法形成下一个层次的空间布局结构。

a 曼荼罗理想城市模型

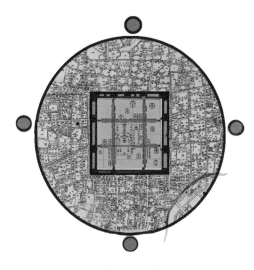

b 盛京城平面示意图

　　五是"曼荼罗式的坛城"——曼荼罗来源于藏传佛教的密宗，是天体世界具体而微的图画，是供奉诸佛和众生皈依及深入教化的场所，是理想中的城邦都市设计图。满族先民女真人接受了藏传佛教的影响，并将它融入满文化体系之中。皇太极对明代沈阳城进行了改造之后，听从了西藏喇嘛的建议，于1643—1645年在距方城四边城墙各5里处，分别修建了喇嘛塔和寺院各一座。康熙年间，在四塔四寺以里位置又建起外城——"关城"。至此，盛京城形成最终的规模与形态。由于其内城外郭呈显为内方外圆，再加上周围的四塔镇卫，颇似模拟曼荼罗构图而修建，又将它称之为"坛城"。这也是满文化吸纳藏文化成分，再将它应用于城市建设的一例。

　　努尔哈赤迁都沈阳决定仓促，事先无暇顾及改造城池，只是先着手兴建宫殿。

图1-4 曼荼罗式坛城示意图
盛京都城仿曼荼罗平面构图。皇宫居中，内城为方，外城近圆，四座塔寺护卫四方，故有"坛城"之称

在启建汗与诸王贝勒办事公署——大政殿与十王亭的同时，在沈阳城北修筑了供寝居的汗王宫。《盛京城阙图》上满文标注为"tai dzu itehe gung"，即"太祖居住之宫"。其具体方位约在福胜门（大北门）与地载门（小北门）、钟楼与鼓楼方形地面的最北端，亦即明代的"镇边门"，俗呼"九门"之内。

汗宫坐北面南，为一长方形两进院落，前为宫门三楹，入门为第一进院落，并无建筑。第二进院落入门便见一座三间正殿筑在高台之上。两庑各有对称三间配殿，均为硬山前后廊式建筑，殿顶为黄琉璃瓦加绿琉璃瓦剪边，外观庄重典雅，初具皇家风范。这里当系老汗王与大妃乌拉纳喇氏等妻妾及未成年子女的居所。努尔哈赤在此度过了他生命的最后时光。

在城内建有王府第共十一座，其中大妃所生阿济格、多尔衮、多铎三子王府与汗宫最近，相距约三四百米。幼子多铎（即豫亲王），其府位于城北小北门的东南，坐北朝南，两进院落。在两进院落之间有暗红色双面透雕石照壁一座（今尚保存完好，贮故宫东院内）。十二子阿济格（即武英郡王），王府位于沈城钟楼西侧路北，与十四子多尔衮（即睿亲王）的府邸相邻，其建筑规模及格局基本相同，均为高台建筑，两进院落。

此外，饶余郡王府（太祖第七子阿巴泰）位于西华门之西路北；肃亲王府（太宗子）在饶余郡王府东侧；庄亲王舒尔哈齐（太祖弟）王府，位于今盛京皇宫大内宫墙外；礼亲王代善（太祖第二子）王府，坐落于今皇宫东路宫墙外；郑亲王济尔哈郎（太祖侄，舒尔哈齐子）王府，位于小南门内大街路东；颖亲王萨哈廉（代善第三子）王府，位大东门内路北；成亲王岳讬（代善长子）王府，位于东华门外；敬谨郡王尼堪（太祖长子褚英之子），位于大东门街南。《盛京城阙图》上唯独无太宗皇太极的王府，应在今皇宫大内的位置上。诸王府第与汗宫基本相同，唯建筑规格略小而已。

二、盛京宮殿

◎筑境 中国精致建筑100

在中国历史上，朝代更叠，曾建有无数
壮观、精美的皇宫宝殿。然而，它们中的绝大
部分随着岁月的流逝而损毁，惟两座宫殿建筑
群，被精心保护存留至今。一座是位于北京城
中明、清两朝皇帝所居住的闻名遐迩的北京故
宫。另一座是地处北国古都沈阳城中的塞外宫
殿，这就是清王朝问鼎中原之前，由两位开国
之君，即满族的缔造者老汗王努尔哈赤与其子
皇太极营造的汗王宫阙——沈阳清故宫。它与
北京故宫遥遥相望，是地处塞外盛京城中的皇
宫建筑群。

盛京宫殿，以独具满族特色和多民族建筑
艺术风格而驰名中外。这座宫殿群包括了两个
时期的建筑，即清太祖努尔哈赤与太宗皇太极
时期创建的早期建筑，和乾隆时期改建和扩建
的中晚期建筑。在一抹红墙之内，由三条轴线
组成的三组建筑群，因功能的不同，使各条轴
线上的楼台殿阁在布局、风格及装饰艺术上各
具风采。

图2-1a 冰雪塞外清故宫

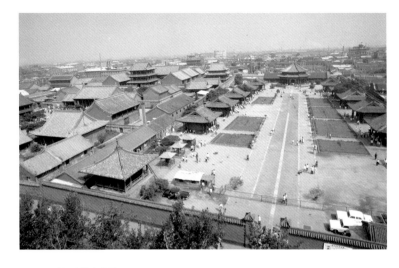

图2-1b 沈阳清故宫全景

图2-1c 沈阳故宫总平面图/对面页

沈阳清故宫启建于后金天命十年（1625年），清崇德元年（1636）前基本建成。乾隆年间又增建了东、西所驻跸行宫及西路建筑占地六万余平方米，有楼台殿阁四百余间，以满族特色和多民族建筑艺术享誉中外。

一、大正殿
二、左翼王亭
三、镶黄旗亭
四、正白旗亭
五、镶白旗亭
六、正蓝旗亭
七、右翼王亭
八、正黄旗亭
九、正红旗亭
一〇、镶红旗亭
一一、镶蓝旗亭
一二、奏乐亭
一三、奏乐亭
一四、銮驾库
一五、大清门
一六、崇政殿
一七、凤凰楼
一八、清宁宫
一九、配宫
二〇、关雎宫
二一、衍庆宫
二二、师善斋
二三、日华楼
二四、左翊门
二五、飞龙阁
二六、太庙
二七、太庙门
二八、配殿
二九、配殿
三〇、东七间楼
三一、颐和殿
三二、介祉宫
三三、敬典阁
三四、配宫
三五、麟趾宫
三六、永福宫
三七、协中斋
三八、霞绮楼
三九、右翊门
四〇、翔凤阁
四一、西七间楼
四二、迪光殿
四三、保极宫
四四、继思斋
四五、崇谟阁
四六、七间殿
四七、值房
四八、值房
四九、扮戏房
五〇、戏台
五一、转角房
五二、嘉荫堂
五三、宫门
五四、文溯阁
五五、仰熙斋
五六、九间殿
五七、碑亭
五八、奏乐亭
五九、西朝房
六〇、奏乐亭
六一、东朝房
六二、东朝楼

图2-2a 牌楼

在大清门外东西两侧有文德
坊与武功坊两座木构四柱三
楼悬山顶牌楼。檐下斗栱九
踩三昂，施旋子彩画。楼顶
覆黄绿两色琉璃，具有皇家
宫殿富丽华贵的特征。

东路（院）建筑最早，为老汗王所创建。进入东院的宫门，首先映入眼帘的是北端坐落在须弥座台基上的八角重檐攒尖顶的一座巍峨大殿。独特的黄绿两色琉璃殿顶在阳光照耀下熠熠生辉。盘绕在门前朱红檐柱上一对金光闪闪的升龙，张牙舞爪伸向额枋上的火焰珠，朴拙而生动。整座大殿高大突出，蔚为壮观。大殿两侧则成雁翅形排开了一色灰瓦红柱、正方形的十座王亭。除殿前左右两翼王亭外，便是正镶两黄、两白、两红、两蓝八个旗亭，俗称"八旗亭"。这是后金国时期君臣会议"合署办公"的地方。这种独特的建筑形式，是当时"军政合一"的八旗制度在建筑上的反映，在中国的宫殿建筑史上独树一帜，空前绝后。

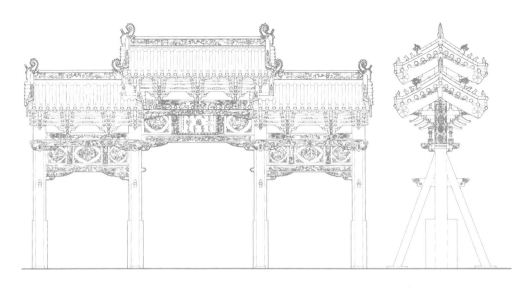

图2-2b 文德坊牌楼正、侧立面图

　　穿过东掖门，便转到了中路建筑，这里是天聪汗皇太极在原王府的基础上按封建王朝"前朝后寝"的古制拓建的大内宫阙，至1636年皇太极称帝去汗号。建大清国，各宫殿也都命了名。正门曰大清门，即皇宫的"午门"。入门便见坐落在方形台基上的正殿崇政殿，俗称"金銮殿"。在崇政殿两侧有左右翼门，穿过两翼门为另一起院落，中间起一近4米的高台，台上为三层单檐歇山式建筑——凤凰楼。拾阶而上，穿过凤凰楼底层门洞，便到了又一四合院，这是皇太极与后宫佳丽的居所——中宫清宁宫，两厢为关雎、麟趾、衍庆、永福四大配宫，当系那些无名号庶妃所居。前楼后宫，形成一座城堡式建筑。从大清门起，中经崇政殿、凤凰楼到楼后的生活区，都建在一条轴线上，高低错落，达到了建筑艺术的完美与和谐。这里迥异于北京故宫的是宫高殿低。而北京故宫恰恰相反，太和、中和、保和三大殿建在高高的台基上，而后妃居住的坤宁、钟粹等东西六宫则建在低矮的地坪上。究其原因，不外乎三个方面：一是满族先人曾是一个以渔猎为生的山地民族，向有择高而居的习惯。考察清入关前的兴京、东京、盛京三处都城及临时驻扎的界凡、萨尔浒山城，均将居所建于高处。盛京沈阳虽地处平原，仍用人工堆砌高台，并在高台上建寝宫。其二，根据满人的传统观念，以居高为尊。原生活在山地之中，王贵们即以择取山头建房为地位象征。迁移平原地区之后，则有意将第二进作为居住功用的院落。整体抬高，以示尊贵。以至将这种做法作为修建王府的一种等级规定，写入正式法典。其三，主要还是为了防御和安全。清入关前，后金（清）国家一直处于烽火硝烟的战乱年代，满族作为一个弱小民族，在其崛起和发展的过程中，时时受到威胁，使他们不论在心理上和现实中都必须时刻保持高度的警惕。鉴于遵满人建城的习惯做法，皇宫周围未另建

图2-3　崇谟阁
乾隆初年兴建东、西所驻跸行宫的同时，在两所之后建了两座二层楼阁，一称敬典阁，藏皇室宗谱《玉牒》，一称崇谟阁，藏《实录》、《圣训》及《满文老档》等内廷秘籍。

图2-4 从大政殿望敬典阁
敬典阁建于东所后，与大政殿仅一红墙之隔。
此阁为一座重檐歇山顶前后廊式建筑。殿顶亦
用黄绿两色琉璃，内外檐施彩绘。

图2-5 师善斋

乾隆初年建东西所时，又于崇政殿后凤凰楼前添建了师善、协中二斋和日华、霞绮二楼。斋为五间硬山卷棚顶，前出廊式建筑，顶铺灰瓦，显系附属建筑，当为大内库房。

宫城，则将安全防卫的重点体现在皇帝居住的内宫部分。内院高举，周围设护卫"更道"，而凤凰楼犹如寝宫的城堡，不但保护着后宫的安全，还随时可以登楼远眺，以御来犯之敌。此楼在当时为盛京城内最高建筑物之一，曾有"凤楼晓日"八景之一的美誉。

西路是高宗乾隆皇帝增建的建筑。乾隆八年（1743年）。高宗效法先祖东巡盛京。谒陵祭祖，在驻跸期间他审度皇宫规制，觉得还应在陪都旧宫有所增建，尤应启建"行宫"以便驻跸。随即大兴土木，首先改建了崇政殿前飞龙、翔凤二阁，增建东西两所建筑（俗称东西宫），专供皇太后、皇帝及随驾后妃居住。东所名颐和殿、介祉宫。西所以迪光殿、保极宫、继思斋作"行宫"，同时在凤凰楼两庑增建了日华、霞绮，二楼和师善、协中二斋，以

图2-6 太庙山门/上图

此庙为清帝家庙，原建抚近门外五里（今大东
门），乾隆四十三年（1778年）奉旨移建于大清门
外东侧原明朝三官庙（后改称景佑宫）的基址上。
这是一处独立的四合院建筑。山门为三间屋宇式，
左右各有一角门。

图2-7 太庙正殿/下图

此殿为三间单檐歇山式建筑，"一堂黄"的琉璃瓦
顶。这里并未按制奉祀历朝帝后牌位，仅供奉玉宝
玉册而已。乾隆四十八年（1783年），弘历曾命将
太祖至世宗五朝帝后册宝16份送到太庙正殿安放

及东所后之敬典阁，西所后之崇谟阁。自乾隆十一年至十三年（1746—1748年）先后告竣，从此解决了清帝东巡盛京谒陵后的驻跸处所问题。

尔后，于乾隆四十三年至四十八年（1765—1770年），即高宗最后两次东巡期间，又在宫城内兴建了一批建筑，其目的是为在盛京宫殿尊藏殿版图书和驻跸期间读书养性及娱乐之需。乾隆四十六年，正值官修大百科全书《四库全书》完成。乾隆下令仿宁波范氏"天一阁"在北京、杭州、承德分别建造文渊阁、文源阁、文津阁等，同时也在盛京修建文溯阁。这就是闻名全国的皇家七大藏书楼，珍藏《四库全书》及《古今图书集成》数万册。这时还于西路建观赏戏剧的游乐之处——嘉荫堂、戏台、围廊及类似御苑的仰熙斋（斋后为芍药圃）。试想当年芍药满园，争奇斗艳之时，这里一定别有一番情趣。在西路建筑的南端，即嘉荫堂前，穿过斯文门，还有一片开阔地，那是备来朝官员安置车、马、轿子的"轿马场"。乾隆四十三年（1778年），又移建太庙于大清门东原明三官庙内。

除上述主体建筑外，皇宫内尚有不少服务性质的附属建筑，诸如宫仓、肉楼、御膳房、果房、蜜楼、值房、档房及珍藏皇家秘籍、古玩、书画、银钱、绸缎的楼台殿阁，青砖瓦舍等共四百余间，占地六万余平方米，构成一个完备的皇家宫苑，沈阳清故宫经多次修葺，至今完好保存下来，成为中华文物宝库中又一瑰宝。

三、独特的朝政建筑

图3-1 大政殿与十王亭
大政殿坐落在故宫东路北端高约1.5米须弥座台基上，为八角重檐攒尖顶的"亭式"建筑。殿顶用黄琉璃加绿琉璃剪边。在其两翼排列着左右翼王亭和正、镶两黄、两白、两红、两蓝正方形，一色灰瓦红柱的八个旗亭，合称"十王亭"，是清初八旗制度在建筑上的反映，在古代宫殿建筑中独树一帜。

努尔哈赤迁都沈阳后，于明代的十字大街偏东南地方建了一处"一殿正中居、十亭左右分"、"帐殿式"独特的朝政建筑，可谓在中国的宫殿建筑中标新立异，独树一帜。这是由于清（后金）初年的政权性质决定的。因为自1615年努尔哈赤进一步将政治、军事、生产合而为一，创立了八旗制度后，后金国家便形成了以八旗为核心的集团统治，以汗王为最高统帅。因此，在盛京皇宫中出现这种将汗王与八旗贝勒"合署办公"的大政殿与十王亭建在一起，也是八旗制度在建筑上的反映，应该说是对宫殿建筑群布局的一大创造，反映了那个时代的历史背景和时代特点。

此种"帐殿式"建筑，主要缘于后金初年的军事行动。努尔哈赤自兴兵之后，戎马倥偬，常年行军在外。军旅生涯中他常命人用黄布围成一蒙古包式的"中军大帐"，再于其两侧搭八青布诸贝勒的帐幄，以便"共商国

图3-2 大政殿/上图

此殿为沈阳故宫最早建成的一座大殿，平面为八角形，重檐攒尖顶，八条垂脊上有八个蒙古力士。殿周围有雕工精细的石栏板、望柱等。外檐为五踩双下昂斗栱。正面有一对金色盘龙柱。

图3-3 大政殿正立面图/下图

殿平面为八角形，屋面重檐，八角攒尖式。举架高为19.28米，正南为木雕隔扇门。下为御路,殿立于高约1.5米的须弥座式台基上，周绕以雕花石栏。大殿外檐为五踩双下昂斗栱。殿顶用黄绿两色琉璃。

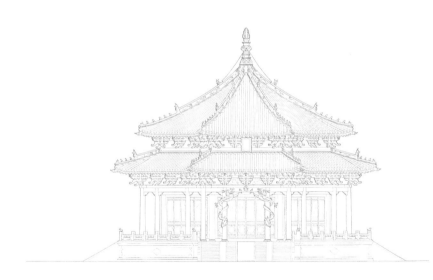

沈阳故宫

独特的朝政建筑

图3-4 大政殿内通天龙柱及精雕木陛
大政殿内装饰华丽，宏伟壮观，八根
通天柱上彩绘沥粉贴金盘龙。木陛透
雕或凸雕花卉、云龙纹。

事"。由于当时的八旗贝勒多为努尔哈赤的兄弟子侄来充任，他们与汗王既是君臣统属关系，又有亲密的血缘关系。在尚未建立起封建社会等级森严的君臣礼制的情况下，出现这种汗王与八旗贝勒围坐一处共商军国大计的情况，是很自然的事情。只是奠都沈阳后，将这种"帐殿"改为木石结构的建筑了。即大政殿居中，左右翼王殿亭分列两厢。左右两侧再由北向南排列八亭：左侧依次为镶黄、正白、镶白、正蓝四旗亭；右侧依次为正黄、正红、镶红、镶蓝四旗亭，与左右翼王亭合为"十王亭"。有人说此种排列系按中国古代"五行"和"相生相克"的做法，预示着满族八旗战无不胜，攻无不克。

大政殿与十王亭是沈阳清故宫最具特色的建筑，它融汇了汉、满、蒙、藏等多民族的建筑艺术风格：其大木架、廊柱式及飞檐斗栱、雕梁画栋，显系师承宋代的营造法式，属于汉族传统的建筑手法。大政殿为八角重檐攒尖顶，除四坡面大部为黄琉璃外，靠近正脊和垂脊以及屋檐部分换用绿琉璃镶边，大约是满族人受金代女真人喜欢在建筑上用多彩琉璃的影响。而大政殿的相轮宝顶、垂脊上的蒙古力士、殿内顶棚的梵文藻井天花、檐下如意头佛教装饰及须弥座台基等，则又为蒙古和藏传佛教建筑艺术特点。此种形式建筑在宫殿建筑中甚为罕见，一般皇宫大殿多采用重檐或单檐庑殿顶，显得高大气派，如北京故宫的太和、中和、保和三大殿。而此殿是以辽阳东京城八角殿为蓝本，应是清初汗王审美观念所致。

图3-5 大政殿外石栏
此殿须弥座上的石栏板、望柱上采用深浮雕和透雕手法，选以菊、荷、莲枝等花卉图案。其八角望柱上各雕一半蹲半卧的石狮，两两相对，狮身浮雕盘肠花结带。此种石狮造型系后金时期风格。

独特的朝政建筑

◎筑境 中国精致建筑100

图3-6 大政殿金龙盘柱/上图

大政殿龙柱雕工粗犷，一对上升壮金龙，紧紧盘绕在朱红檐柱之上，其中一爪伸向火焰珠，一爪伸向背后，下面一爪及龙尾紧贴柱上，龙头上仰，张牙舞爪，姿态生动。

图3-7 大政殿梵文天花/下图

此殿内降龙藻井的外环有八块"五井"天花，上绘双龙，下绘双凤，中为描金梵文，其大意是"万物从这里开始"。此种"五井"梵文天花系地方风格，极为少见。

大政殿是盛京宫殿最大的一座殿堂，也是一处最神圣的地方。清初凡重大典礼均在此举行，诸如清太宗皇太极、世祖福临两位新君的登基大典就在这里举行。再如逢年节等喜庆时举行国宴、命将出师、迎接凯旋将士、颁布国家诏令等亦于此举行。1626年老汗王努尔哈赤病逝，皇太极在此登上"天聪汗"的宝座。翌年元旦，还在此举行过元旦庆典。1643年8月，皇太极突然仙逝清宁宫，停灵于大政殿期间，据当时朝鲜一使臣所见，爱新觉罗氏家族就皇位继承问题曾在此殿（一说在崇政殿）唇枪舌剑，经过一番激烈的争夺战，险些酿成血染皇宫的宫廷政变。在皇叔睿亲王多尔衮与太宗长子肃亲王豪格鹬蚌相争各不相让的情况下，使年仅六岁的小皇子福临渔翁得利，在此登基继皇帝位，并于大政殿颁发诏书，布告天下，改年号顺治。是年，福临又在此命叔父摄政王多尔衮"代统大军，往定中原"。多尔衮遂挥师入关，得山海关总兵吴三桂的策应，清军大败李自成农民军于一片石，夺取了农民军的胜利果实，入主中原，翻开了大清王朝的新篇章。

图3-8 大政殿攒尖顶
此顶又称"宝顶"，由基座、顶身、火焰珠等三部分组成，通体饰五彩琉璃。

清入关后，这里成了陪都宫殿，但按清朝礼制，盛京官员每逢旧历初五、十五、二十五"常朝"日，还要到此"坐班朝贺"。而每年的元旦、冬至、"万寿"三大节，盛京官员要身着朝服，清晨便齐集八旗亭前，按序排列，时辰一到，由礼部官员赞礼，面向大政殿宝座行三跪九叩大礼，表示向皇帝祝贺。至于康熙、乾隆、嘉庆、道光四帝每次东巡盛京谒陵礼成之后，也至盛京宫殿瞻仰先皇胜迹，并在大政殿前举行盛大筵宴和颁赏活动。

图3-9　大政殿门心板装饰／上图

大政殿八面各有斧头眼式隔扇门，无墙无窗。每扇门
的门心板均在贴金圆框内浮雕一金龙，身上装饰着流
云海水纹俱满贴金，在朱红的门扇上分外耀眼。

图3-10　大政殿斗栱／下图

此殿斗栱用材粗大，除正心瓜栱及万栱外，里拽外拽
瓜栱的两端均为抹角形，而栱端的升子平面为菱形，
造型独特。

四、天聪汗续建大内宫阙

天聪汗续建大内宫阙

◎筑境 中国精致建筑100

图4-1 大清门

此门原称大门或正门，（后金）崇德元年（1636年）定今名。这是一座面阔五间的硬山式建筑，屋顶为黄琉璃瓦加绿琉璃瓦剪边。其最为突出的四个墀头，三面俱用五彩琉璃镶嵌，凸雕海水云龙及象征富贵吉祥的各种花卉动物。皇太极续建皇宫后成为"午门"。

图4-2 崇政殿内景/对面页

此殿为五开间，硬山顶，前后出廊，是皇宫的正殿。殿内不设天花，为"彻上露明造"。望板上用龙草和玺彩画，彩绘蓝天白云，给人一种高洁之感。梁檩椽枋彩绘云龙、仙桃等。乾隆初年于殿内增设木雕堂陛。

自1626年9月初一皇太极登上金龙宝座继承汗位始，年号天聪。他的居所也由原来的四贝勒王府，变成了汗王宫殿。但据清初文献及《盛京城阙图》所示，当老汗王迁都沈阳启建汗宫与王府时，唯独没有皇太极的王府。而在紧临大政殿与十王亭一廓，则形成了南迄大清门、崇政殿、凤凰楼、清宁宫等中路轴线上的大内宫阙。说明皇太极当上后金国汗之后，既未移居老汗王的汗宫，也未弃原王府而另建新宫。可推知大内宫阙的形成，乃是在皇太极原王府的基址上仅加以改建和扩建，遂成就了一代皇宫的建筑格局。如果说当年皇太极为何不像入关后诸帝那样一旦继立为新君便移居先皇居所，显然是因当时的汗宫过于狭小，容不下新君及其眷属所居，只能留给老汗王的遗孀们居住了。比如努尔哈赤一侧室福晋"寿康太妃"就极长寿，活到七十多岁，至康熙初年才老死宫中。清入关前，城北的汗宫就如北京的慈宁宫保存了一段时间，顺治元年迁都北京，

这些太妃们也随之"从龙入关"，后因年久失修而毁圮。

皇太极是一位很有作为的开国之君，他登基伊始，首先提出"治国之要，莫先安民"的主张，极力缓和民族矛盾，发展生产，减轻人民负担。他率先提出"工筑之兴，有妨农务……嗣后有颓坏者，止令修补，不复兴筑，用恤民力，专勤南亩"。在这一思想指导下，天聪汗未另建新宫，而是将原王府修葺拓建一下而已。至天聪六年（1632年），皇太极续建的皇宫主体建筑基本完成，并开始启用。《清实录》等官书中记载其活动时已出现了"御殿"、"还宫"以及"大殿"、"正殿"、

图4-3 凤凰楼
凤凰楼坐落在近4米高台之上，其前为崇政殿，穿过楼下中门直通高台上的后妃生活区。它既是内廷后宫的大门，又是整个宫殿的制高点。在当年曾是盛京城最高建筑物之一，有"盛京八景"，"凤楼晓日"之誉。

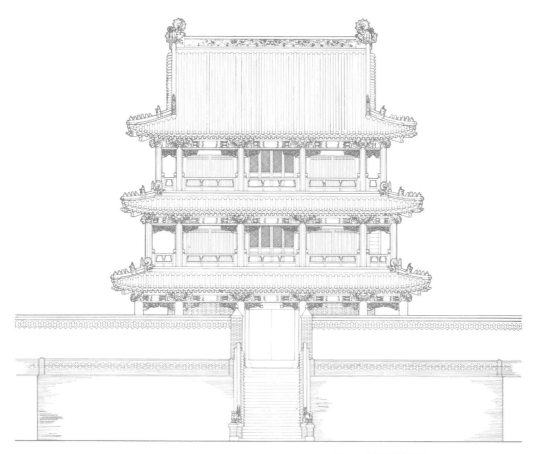

图4-4 凤凰楼正立面图

此楼建在高约4米的台上，为五间七檩三层单檐，歇山式屋顶。建筑总高22.815米，下层明间辟门，二层明间老檐柱中线上开窗，次间均设支摘窗。二楼东侧设楼梯，外侧为女儿墙，正中为石阶，可至台上宫殿。

图4-5 凤凰楼梁枋彩画
此楼梁枋为清早期"金琢墨三宝珠红彩画",以宝珠卷草为主题,色彩为红地上衬以青绿卷草团花,有别于后来各种青绿彩画。反映出质朴、奔放、洒脱的东北地方风格。

"门"、"楼"等字样,只是未正式命名而已。至天聪十年四月皇太极称帝改元,国号大清时,各宫殿也有了正式名称。清崇德二年(1637年),皇太极为标榜自己的文治武功,又在大清门外东西两侧修建了文德坊与武功坊两座牌楼,并做了街门(俗称东西华门)。

皇太极续建的大内宫阙,基本上循中原汉族皇家宫苑的规制,按"前朝后寝"(也称外朝与内廷),将处理朝政的大殿置于前,而将生活寝居的宫置于后。大清门、崇政殿为外朝,而凤凰楼后台上五宫为内廷。并循"主居中,次居边"的原则,将皇宫中的正殿、中宫等建在一条纵向的轴线上,而将配殿、配宫等次要建筑建于两厢。

大清门是一座面阔五间前后有廊的屋宇式建筑,为皇宫的午门,也叫禁门,意味着皇宫禁地从此处开始。不仅闲杂人等不得入内,即

图4-6 高台五宫

高台上后妃生活区以中宫清宁宫居中，为太宗皇太极与皇后博尔济吉特氏的寝宫。东为关雎宫，西为麟趾宫，次东宫名衍庆宫，次西宫为永福宫。这五宫后妃均为蒙古女，地位高贵。清宁宫北还有各三间的小配宫，应为皇太极的无名号庶妃居住。

"各官及侍卫、护军晨夕入朝皆集于大清门，门内外或坐或立，不许对阙"。说明皇家宫门也是一座重要去处，戒备森严。大清门不仅是进入皇宫的必经之路和官员人等候朝之所，这里也曾发生过许多令人回味的故事。诸如皇太极继汗位之初，大贝勒代善等心怀不满，皇太极曾"怒闭宫门"，迫其就范；明将洪承畴松山大败在此受降；太宗（皇太极）崇德七年五月，这里还发生了震惊朝野的农民秘密组织——善友会大闹午门的悲壮事件。如今，岁月悠悠三百秋，时过而境迁，昔日的皇宫禁地，早已成为世人凭吊谈古的胜迹了。

进入大清门，迎面便是庄严华丽的崇政殿，再穿过两侧的左右翊门，就进入了另一座四合院，高耸的三滴水的凤凰楼就筑在近4米的高台之上，犹如一座城堡。楼阁上黄绿相间的两色琉璃，丰富多彩的彩画，显示出建筑艺术与和谐之美。在楼底层四周有宫墙与女墙围成的一圈更道，为宫中禁卫护军巡更守夜的地方。若拾阶而上，穿过楼门，就到了皇太极与后宫佳丽居住的生活区。试想当年每于夜幕降临，红灯高挑，皇宫大内万籁俱寂之时，禁宫内外唯有不断传来的巡更守夜的梆声和八旗护军紧张有序的沙沙脚步声，就更增加了深宫内院的神秘之感。

五、別具特色的金鑾殿

别具特色的金銮殿

◎ 饶境　中国精致建筑100

在盛京皇宫中，崇政殿、大清门、文德坊与武功坊构成整个外朝部分，而崇政殿为皇宫的正殿（俗称金銮殿），是皇太极运筹帷幄，发布政令的地方。因此，这里的建筑要表现出国家的尊严和皇权的威仪，就建筑艺术而论，代表了当时历史条件下的最高水平。当然，在遵循封建王朝建筑规制的同时，也顽强地表现出自身的独创、艺术修养及审美情趣。

崇政殿是一座面阔五间，硬山屋顶前后出廊的建筑，总高近12米，坐落在1.5米高的台基上。周围绕以石栏杆，中三间廊外为钩栏式踏跺，明间前为御路。在栏板、望柱、柱头、抱鼓等处用高浮雕和圆雕手法，精雕有麒麟、行龙、螭兽、梅、莲等花卉图案。殿基四角各一排水螭首，张口呈吞纳状，基本上遵循了中原王朝常见的装饰艺术。唯在材质和形态上保留有朴拙生动的地方特色。诸如此殿石栏杆未用京师的汉白玉，而是使用了辽东本溪一带盛产的褐红色砂岩"小豆石"，更加突出了纯朴的地方特色。

崇政殿的檐柱、金柱俱髹以朱红色，十分耀眼。檐柱截面为方形，柱顶下降到通常为雀替下椽的高度。由一个弓形"秀木"取代了本应置于檐柱两侧的雀替。秀木被置于柱顶，并承托着上面的额枋，再由额枋承载着来自梁架的荷重。这种做法不同于汉族的官式规制，而是受藏族木作技术影响的结果。而外檐装修亦很独特，平添了许多光彩：其外檐朱红方柱顶为覆莲式，用黑灰色石料雕制，靠近柱头处用蓝、白、金诸色彩绘"披肩"、"链子"和莲瓣。柱头是贴一浮雕头生双角，非羊非狮的兽面作装饰，本缘自藏族喇嘛教的做法，只是将兽面的一双直角改为卷曲状。此殿替代雀替的弓形秀木尺度宽大，雕卷草纹。而将檐柱与金柱间的短梁，独具匠心地做成六条整龙（前后共12条），将龙头和前爪探出檐外，两两相对，朝向枋上的火焰珠，柱间短梁即龙身和支撑在金柱上的后爪，仅留龙尾于殿中。这种构造，使实用与装饰融为一体，既增强了皇家殿宇的神秘气氛，也对整座宫殿建筑起到了美化作用。

外檐柱头至檐下还有多层装饰，除檐枋上双龙戏珠等传统做法外，还有多彩的仰莲构成的"莲瓣枋"，中间一层由数十个小木块相联结成的"叠经"装饰带（俗称"蜂窝枋"），以及如意云头装饰板等，这一切显然接受了藏传佛教的装饰艺术，即将皇宫大殿的传统建筑手法与喇嘛教等寺院建筑艺术相结合。这种独特的建筑装饰，在东北地区堪称首创。

图5-3 崇政殿宝座屏风（对面页）
金漆雕龙宝座并五扇透雕龙顶的宽大屏风，置木制堂陛内，金碧辉煌，更增加了帝王宫殿的高贵和神圣。

图5-4 木雕彩绘堂陛局部（上图）

图5-5
崇政殿及左右翊门纵剖面图（下图）
此殿为七架梁，进深九檩，前后出
廊，上有单步梁，硬山屋顶。殿高
12.99米，前后廊檐柱与老檐柱的
抱头梁为一木雕整龙。殿内为"彻
上露明造"，木制堂陛正中置宝座
屏风等殿堂陈设。

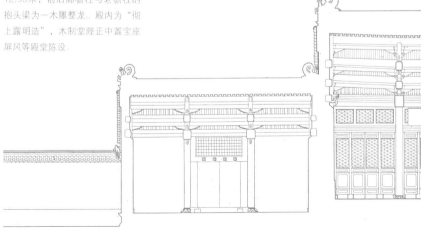

崇政殿顶的两色琉璃、殿顶及山墙墀头装饰也别具一格。崇政殿顶用黄琉璃加镶绿瓦边，已经改变了"一堂黄"的呆滞，而正脊垂脊、博风等构件也采用黄色为底色，而将上面浮雕的行龙、宝珠、瑞草等用蓝或绿色。如殿顶最高的螭吻以绿色为主，尾部稍用黄，山尖加饰"悬鱼"，杂以黄、绿、蓝诸色，并将悬鱼上部做成圆形，内浮雕蟠龙，下为如意状花饰，整个殿顶五彩缤纷，绚丽多彩。崇政殿的山墙墀头亦极精彩，三个看面均用彩色琉璃镶成须弥座，上下枭部用莲瓣式，自下而上为麒麟、升龙、宝相花和兽面，以及火焰、瑞草等图案。尤其中间部用高浮雕绿色蟠龙，附以四框翻滚蓝琉璃海水，犹如蛟龙腾空跃出海画，形象生动，栩栩如生。

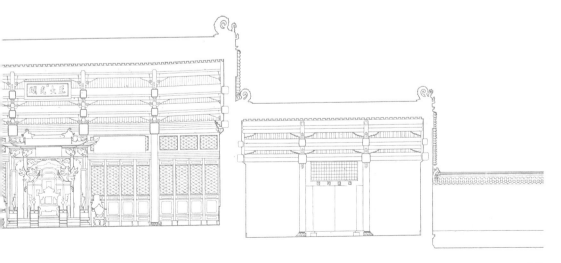

殿内顶棚为"彻上露明造"不饰天花。望板上用"龙草和玺"彩画，彩绘蓝天白云，给人一种高洁之感。梁檩椽枋又依用材大小彩绘云龙、仙桃等，美不胜收。乾隆初年于殿内增设木制"凸"形堂陛，前部为歇山式起脊顶，正面两柱各盘一金龙，地坪高约1米，木雕龙头栏杆，正侧面共五组踏跺。堂陛内置金漆屏风宝座，金碧辉煌，更增加了汗王宫阙的高贵和神圣。

崇政殿为外朝大殿，后金国事决策的中枢，是皇太极在位期间的政治舞台。因此，举凡军国大事均在此举行。1636年，皇太极就在此举行的称帝大典，加"宽温仁圣皇帝"尊号。旋于此册封诸功臣、降臣为贝勒、亲王等。春风得意的皇太极，端坐在金銮殿的宝座上大排酒宴，君臣同贺。

六、满族民居式的帝后寝宫

满族民居式的帝后寝宫

⊚领境 中国精致建筑100

努尔哈赤与皇太极开国之初，典制未备，直至皇太极称帝，大内宫阙的建成，遂循古礼册封了一后四妃。其中中宫皇后博尔济吉特氏哲哲享"椒房之尊"，居正宫清宁宫，其下东宫关雎宫宸妃海兰珠，西宫麟趾宫贵妃名娜木钟，次东宫衍庆宫淑妃名巴特玛·璪，次西宫永福宫庄妃名布木布泰。这五位高贵的女人都来自蒙古草原。清初皇室多纳蒙女不仅是因满、蒙民族在生活习惯上有许多相似之处，更主要的是清朝在崛起之初巩固满蒙联盟关系到国家的生死存亡。因此，清初诸王的婚姻有着浓厚的政治色彩。

考察沈阳故宫高台上的帝王后妃们的居所，最具满族民居的特点，也有汉族等北方民族共有的建筑设施。以中宫清宁宫为首的五座寝宫，均为五间硬山前后廊式建筑，屋顶满铺黄琉璃瓦加绿剪边，正脊为五彩琉璃，浮雕五彩火焰珠、蓝绿色的琉璃行龙、展翅欲飞的凤

图6-1 清宁宫暖阁
清宁宫为典型的满族民居式建筑。为适应北方的寒冷气候，于一侧开门，俗称"口袋房"入门在东墙上又开一小门，内称暖阁，为帝后寝所。正中一道间壁将一层分为南北两室，各设称为"龙床"的土炕，摆设桌椅等用具。北炕设衾褥、幔帐等，崇德八年皇太极就病逝在南炕上。

图6-2 清宁宫天花（上图
清宁宫内顶棚天花圆光内彩绘龙凤呈祥纹饰，
岔角饰如意纹，增加了皇宫寝居处的欢乐的生
活气氛

图6-3 清宁宫（下图
清宁宫面阔五间，前后出廊，硬山顶。东次间
开门，东一间纵向有间壁，将一层分为南北二
室，各设炕。西四间通连，中为敞间，西四间
南、西、北三面环炕，俗称"万字炕"。

凰、含苞待放的荷花与莲藕等。四配宫的建筑装饰与此相似，除龙纹装饰外，更多用凤凰、花卉等图案，既显示出皇家的尊贵，又更充满生活气息。

清宁宫为五开间，门开在次间，不在正中。宫前月台南侧正中设礼仪性台阶，而正对东次间设实用性台阶，以此平衡了对称式布局的院落与不对称式布局建筑之间的矛盾。入门东侧为梢间，称暖阁，有小门与大室相通。暖阁是皇太极与中宫皇后的寝所，室内有一间壁，辟为南北两室。暖阁西为四间连通的大室，俗称"口袋房"或"筒子房"。据说在辽金时期满族先人便盛行此种建筑形式。西间从入门始，按民间式样，于南、西、北三面相连设炕，即俗称"万"字炕、"弯子炕"，也有称"连三炕"的。这种"口袋房"、"万字炕"是聪慧的满族人为适应北方寒冷气候在居室建筑上的一大创造。至今东北农村一些满族人家仍有此类房屋，甚至汉族人家也常采用这种口袋房，只是将三面相连的万字炕改成了南北相向的"对面炕"。清宁宫的门间设锅灶，中间有一矮墙将炕与灶隔开。锅灶的作用除为举行祭祀活动煮肉之外，也是日常为暖炕和暖地（室内地面为"火地"）烧火供热的重要设施。清宁宫外北侧偏西处设一座独立的"跨海烟囱"，并以一道低矮的水平烟道与室内火炕、火地中的烟道相连。将烹煮与采暖设施合为一体，是我国东北地区的通用方式。室内南北炕长，西炕略短，按满族习俗，以西为上，西墙与顺山炕上设神龛及祭器，不得寝居或

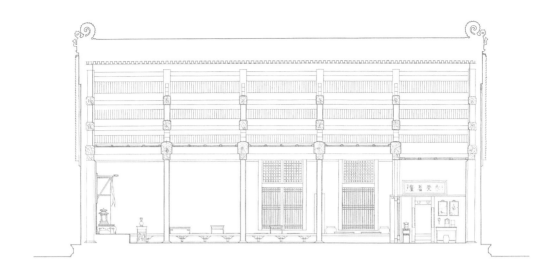

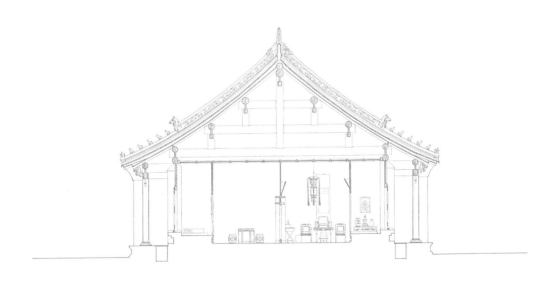

图6-4 清宁宫纵剖面图/上图

此宫为五架梁，九檩前后廊，硬山顶，
总高13.20米。五彩琉璃脊，垂脊下设走
兽。宫内西墙悬神像，下置神龛供器等。

图6-5 清宁宫梢间横剖面图/下图

清宁宫梢间为寝所，分南、北二室，南屋
临窗设炕，北屋亦设炕、置帐幔等。

坐卧。其余各宫除不设神堂外，亦如清宁宫格局，里间为暖阁，外间设"弯子炕"。据档案文献记载，关雎等宫室曾设有七铺炕之多，不仅说明皇太极妻妾之多，除各宫之主外，一些无名号的庶妃和宫女也随住室内。这种巧妙设计也是为适应东北寒冷气候。"胡天八月即飞雪"，此种多炕建筑，正是为增加室内温度。清初汗王建造寝宫时，也将满族人传统住宅形式带入宫廷。至于清宁宫西间神堂的萨满祭祀活动，更富有民间生活和宗教气氛。至今清宁宫仍按清初"朝祭"形式，悬挂关公像，下置香碟祭器礼酒诸物。

高台五宫门窗及室内装饰也颇有淳朴的民间气息，窗扇高大，门板厚重。窗即上下通连支摘窗，窗棂只用横竖棂条垂直相交的"码三箭"式，即俗称"关东式"，而未用盘肠、灯笼锦等拼花棂窗，简单而又质朴，与民间无异。门窗俱无彩绘，仅髹红漆而已。室内里外

图6-6　从凤凰楼下看后妃寝宫
穿过凤凰楼下中门，正对中宫清宁宫。其两侧是关雎、麟趾、衍庆、永福四大配宫。

图6-7 次西宫永福宫
此宫为皇太极庄妃（即孝庄文皇后）当年的寝宫，
也是顺治皇帝的出生地。其特点是明间开门，内分
两室，是庄妃与幼帝的寝居与活动空间。

间亦无吊罩和隔扇，仅用砖墙相隔。

清初帝后寝宫能显示皇家气派的，除屋顶使用黄绿两色琉璃及各种装饰构件外即室内彩绘也非民间可比。清宁宫的七架梁及内檐均施彩绘，天花圆光内为"龙凤呈祥"纹饰，岔角饰如意纹，更增加了皇宫寝居处的吉庆和家庭气息。加之西墙祀神处还有乾隆、嘉庆二帝题写的"万福之源"、"合撰延祺"等匾额，也突出了皇宫正寝的庄严和神圣。

关雎、麟趾等四配宫建于清宁宫庭前左右，只是宫前无月台，四宫建筑格局基本相同，只在远近、举架高低以示差别。四配宫金柱为圆形，非清宁宫的委角方柱。正对室门的外檐墙外凸出1米处设窗，为独特之处。室内顶棚无天花，外檐彩画及雕刻略逊中宫。至于台上北侧两座各三间硬山前出廊式小配宫，室内外装饰更加简略，但从使用黄绿两色琉璃看，当属内廷主子中那些无名号庶妃居所。

七、罕见的肉楼、宫仓

皇宫大内既是帝王发布谕令的施政之所，又是帝后妃嫔乃至宫女太监及戍守人员等食宿生活之区。因而，这里除金碧辉煌的殿堂楼阁之外，亦有为生活需要而附设的建筑设施。诸如为宫廷主子制作山珍海馐的御膳房，存贮奇珍异宝、古玩字画、绸缎貂裘、弓矢鞍辔等的库房，储备米面油盐的宫仓等。由于清王朝是以满族贵族为主体建立起来的封建王朝，作为一个长期以渔猎为生的少数民族，必有本民族的风俗和饮食习惯带到宫廷。所以，在盛京皇宫中，曾设置肉楼、宫仓以及果楼、蜜房等建筑，在中原王朝中实属罕见。

盛京宫殿生活区附属建筑多设在清宁宫等后妃生活区之北，乾隆时期在清宁宫后开一小门通往后苑。据档案文献记载，清康熙十七年（1678年），玄烨曾命盛京内务府大臣将盛京宫中二十八间宫仓及十间肉楼落架翻修。翌年，北京总管内务府又奉旨行文盛京内务府，要求"照旧仓楼规模样建造"，即"院北面建正房粮仓二十八间，肉楼正五间、厢五间，此十间楼要盖成角楼"。此种正、厢各五间的肉楼即俗称"拐把子楼"。从记载看，大约在康熙二十一年（1682年）康熙皇帝第二次东巡盛京前两项工程同期完成，其中二十八间宫仓除二门计六间外，实有仓房二十二间，每间进深一丈五尺，宽一丈有余，每间仓廒可盛粮六百余仓石，共可贮粮一万二三千仓石。二十八间宫仓存贮的粮食为皇庄壮丁交纳，除内廷一干人员食用外，主要用于祭礼以及内务府三旗和三陵（永、福、昭三陵）食辛者库人

图7-1 复原后的宫仓局部

清入关前曾于皇宫内苑建有贮存肉食和粮食的
十间肉楼及二十八间宫仓，后因年久失修不
存，此为近年复原重建的宫仓局部。

（即食官粮者）的口粮以及牧场用料。此处宫仓一直到民国年间尚存，唯十间肉楼已无据可考。

在一座皇宫里，除建有膳房、宫仓等之外，还特设肉楼，以及"大清门外有熬蜜房、放炭楼、东果楼五间、西果房五间、粉子房三间、蜜库二间"，说明满族统治者进入辽沈地区后，虽然受到汉族许多影响，但其饮食习惯中仍留有喜欢大量食肉的民族习惯，尤其兽肉，诸如狍肉、鹿肉、山鸡等，一直到清入关后，在帝王的膳食中仍必不可少。至于建熬蜜房和蜜库，也是满族人喜食甜食习惯的反映。清宫廷中制作膳食、各种糕点都离不开蜂蜜，据统计，康熙三十七年，特设的打牲乌拉总管衙门曾派出"蜜丁"五百五十名、养蜂采蜜，一年之中皇宫内的供蜜量多达五六千斤之多，入关前盛京皇宫的用蜜量从中也可窥豹一斑了。

八、乾隆东巡兴建行宫

盛京皇宫中，有三分之一的古建筑为高宗乾隆皇帝所增建，其策划及实施始于乾隆八年(1743年) 高宗的东巡盛京拜祭祖陵。客观上则因清朝定鼎中原后，历经顺治、康熙、雍正三朝近百年的恢复巩固和发展，使中国封建社会晚期出现了昙花一现的盛世。国家的统一，政局的稳定，社会财富的积累，为封建统治者粉饰太平提供了物质条件。加之高宗本人具有好大喜功的个性，故在他执政期间东巡西狩，到处添建行宫苑囿，而在盛京皇宫内添建行宫，营造楼台殿阁，也就是很自然的事情了。

乾隆八年，高宗按祖制到盛京祭祖，行祭祀大礼，在观览旧宫规制时，觉得此处建筑简陋，甚至找不到适当的驻跸处所，只好设幄而居，所以促使其决定添建行宫。皇上的旨意很快实施，不足五年，即乾隆十三年（1748年）

图8-1 西所琉璃垂花门
此门为西所二进院的入口，悬山顶黄绿两色琉璃，檐下为苏式彩画。院中正殿为皇帝在行宫处理政务或接见文武大臣的迪光殿。

图8-2 东所介祉宫

介祉宫为乾隆帝在盛京兴建的驻跸行宫中皇太后的居所，共五间，前后出廊。室内设多铺炕面，东一间暖阁置帐幔等卧具，余处多设坐垫、靠背、迎手等起居用具。室内装饰有雕工华丽的吊罩和落地罩及宫灯等。

乾隆东巡兴建行宫

筑境 中国精致建筑100

图8-3 颐和殿内景/上图
此殿为东巡盛京时皇太后作息起居，接受帝后
等朝贺及请安之处。

图8-4 迪光殿内景/下图
此殿为清帝在盛京行宫的便殿，室内装饰典雅
别致，顶棚用描金井字团龙天花，堂陛上置红
雕漆宝座屏风，明间正中悬挂乾隆帝御制"继
序其皇"匾额。

秋，这里一百余间新建行宫楼台殿阁便拔地而起，一改旧宫面貌。乾隆四十七年至四十八年，又修建了文溯阁、嘉荫堂及戏台等西路建筑，从此形成了盛京皇宫的新局面。

乾隆初年增建的行宫，称东西所，俗呼东、西宫。其中东所建于崇政殿至清宁宫一路建筑的东侧。供皇帝东巡期间奉皇太后驻跸之处。由南至北共五进院落，首先是琉璃宫门，入内东西各有"阿哥房"三间（今已不存），顾名思义，为随驾皇子居所。北面垂花琉璃宫门内为二进院落，正面为三间单檐歇山式建筑，名"颐和殿"。殿两侧各有角门通往太后寝所介祉宫，此宫为五间硬山式建筑，东梢间为寝所，内设床榻、幔帐及卧具等一应俱全。中三间为敞间，西梢间设桌椅靠背、坐垫等，为皇太后起坐休息及接受皇帝后妃等请安问好之处。乾隆十九年（1754年）弘历东巡期间曾奉皇太后钮祜禄氏到盛京谒陵并驻跸盛京行宫。道光九年（1829年），旻宁亦曾奉母钮祜禄氏东巡。均驻跸于东所之内。每日清晨皇帝必率后妃等至太后前请安，而且按制在谒陵

图8-5 芍药圃游廊
芍药圃有抄手游廊26楹，环抱相接仰熙斋和文溯阁，形成由书斋到藏书楼的通道，以游廊的形式更增加了建筑艺术的美感

礼毕,入崇政殿前行庆贺典礼。太后来,必先于太后宫行庆贺礼。弘历诗中曾有"顾和名殿奉晨昏"之句。介祉宫后一进院落无建筑物,估计为太后在庭院中游赏之处。其北正中有一门,入内为最后一进院落,建有二层歇山式楼阁——敬典阁,面阔进深均三间,为尊藏清皇室宗谱玉牒之处。

西所,建于崇政殿与清宁宫一路建筑的西侧,为乾隆诸帝及随驾后妃驻跸之所,其建筑布局与东所略同,南端一进院落东西各有值房三间,入琉璃垂花门便是三间正殿迪光殿,为清帝东巡"行在"(皇帝外出驻跸称"行在")期间处理政务之所,殿内陈宝座屏风等行宫便殿的一应陈设。殿后为皇帝寝所保极宫,唯与介祉宫不同之处是宫前两侧有游廊与迪光殿后相连,以游廊围成一个四合院。尤其保极宫明间北门引出数楹直廊直通随驾后妃的居所继思斋。斋两侧各有值房,当为太监宫女等住所。西所最后一进院落建崇谟阁,为清宫典藏之所。从乾隆十九年始,东西所便成为清帝东巡谒陵期间于盛京的驻足之处。

九、金屋藏娇继思斋

金屋藏娇继思斋

◎筑境 中国精致建筑100

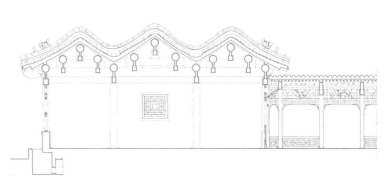

图9-1a 继思斋卷棚顶外观（上图）

此斋为清帝东巡时随驾后妃居住的地方，建筑
形式典雅小巧，别具风采。尤其屋顶为三波浪
勾连搭卷棚顶，在盛京宫殿中仅此一处。

图9-1b 继思斋明间横剖面图（下图）

在盛京偌大的皇宫中，就建筑形式来说，唯有继思斋这座建筑最为独特：此斋坐落在保极宫后的一进院落中，其正门通过数楹直廊与保极宫北门相通，试想当年随驾的后妃嫔嫱们便聚居于此斋，浓妆艳抹等候宣召。因为它与皇帝寝居之处最近，倘奉召幸，便由直廊进入保极宫中，随王伴驾。

继思斋建筑格局十分别致，是皇宫中唯一的一座三波浪勾连搭卷棚式建筑，其建筑面阔和进深俱为三间。勾连搭的屋面形式，有效地减小了建筑的体量感，不仅使它呈现为细腻别致的形态，更使它在颇为狭窄的用地中，给人以亲切而柔和的尺度感，不失为一个巧妙化解矛盾的设计佳例。同时又在这正方形的室内间隔成大小相等的九个小单间，各以小门相

图9-2 继思斋一室内景（上图）
继思斋俗名"九宫格"，即室内分隔成九个大小相等的单间，分别设佛堂、寝室、净房等。

图9-3 继思斋南立面图（下图）
此斋为三连搭五架梁，过挑脊式屋顶。建筑总高为6.87米，进深三间。东西山墙中心辟小窗，明间通往介祉宫游廊。

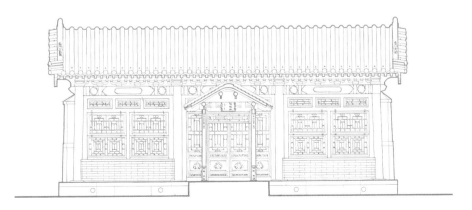

筑境 中国精致建筑100

通，故又称此斋为"九宫格"，当你走入这九间相同的室内，犹如进入一座迷宫。就在这典雅小巧的继思斋内，又由于功用的需要，布置有后妃们礼佛的佛堂，供奉佛像及供案，并备香烛蜡台等；有后妃下榻的寝室，悬挂帐幔、衾褥、妆镜、洗漱用具；有读书养性之所，设几案，陈设文房四宝及书函卷册；更有后妃们室内使用的"净房"，内置不同季节使用的冷暖净具等。在这一小小的起居环境中，陈设布置俱为女人的用品，充满了一个温馨的生活环境，可谓是帝王的"温柔之乡"。

关于继思斋的使用情况，金梁在《光宣小纪》中曾作如下描述："高宗东巡，别建寝宫于西殿，曰继思斋。屋方五丈而隔为九室，室不过丈，皆度地，中为帝寝，而后妃分占其四周焉。室制既异，又不用板壁，各以木格糊纸而每室隔别，声息不闻，颇见构思之巧，与清宁宫之质朴迥不同也。"据档案资料记载，九小间中，五间置有宝床、炕案等，并放有净房用具，另有一间设佛堂。继思斋门通过游廊与保极宫北门相连，而保极宫东梢间为皇帝与承幸后（妃）寝居之处。今日此斋基本上按原状陈列。

十、帝王读书逸乐之所

帝
王
读
书
逸
乐
之
所

ⓧ 筑境 中国精致建筑100

图10-1a 文溯阁外观/上图

此阁乾隆四十六年至四十七年建，为清朝在关
外修建的最大典藏之所，收藏《四库全书》
等。其建筑形式仿宁波范氏天一阁，整座建筑
以冷色调为主。

图10-1b 文溯阁匾额/下图

在大内宫阙的西侧，穿过南部一片开阔地的轿马场，进入斯文门，便是以戏台、嘉荫堂、文溯阁、仰熙斋等一路建筑群，亭台斋阁建筑百余间，为清帝东巡驻跸盛京旧宫期间读书养性和游玩逸乐之所。这一路建筑是继乾隆初在盛京兴建东西所等建筑之后、于乾隆四十六年至四十七年，又一次大兴土木，建筑耗资甚巨。

西路建筑的缘起，与尊藏《四库全书》的需要有一定关系。乾隆中期，国家经济发展，国库充盈，高宗弘历遂于乾隆三十七年（1792年），下诏博采天下藏书，开局设馆，组织博学之士编纂一部大百科全书，名《四库全书》，经过十年修成，并抄录七份，分贮大内文渊阁、圆明园文源阁、热河行宫文津阁、扬州大观堂文汇阁、镇江金山寺文宗阁、杭州圣因寺文澜阁、再一部便是陪都盛京文溯阁所藏。文溯阁于乾隆四十六年动工，翌年竣工，其他相关建筑也先后告竣。因为四十八年秋九月，高宗将第四次东巡盛京谒陵祭祖，届时必至旧宫驻跸观览，故西路工程必须赶在皇帝驾临之前就绪。

帝王读书逸乐之所

筑境 中国精致建筑100

文溯阁与京师文渊阁等均仿宁波范氏"天一阁"建造，为三层重檐硬山式楼阁，面阔六间，进深九檩。此阁外观两层，内实三层，在下层顶板上的东北西三面有一环壁夹层、俗称"仙楼"，阁内设楼梯。两侧各一间，明间形成三间通高的敞厅。厅内置御座、书案、香几、琴桌、宫扇等。阁内悬高宗御题"圣海沿回"匾额，各层均置书架，上列《四库全书》及《古今图书集成》等供皇帝观览。

文溯阁外观与其他宫殿建筑不同，屋顶用黑绿两色琉璃，即屋顶大面铺黑琉璃瓦，而在各脊及博风、屋檐处加饰绿琉璃瓦边，油饰部分诸如隔扇门及一码三箭直棂窗等处亦以黑绿色为主调，裙板、绦环板等处兼施白色。檐下梁枋等处彩画亦用蓝白绿等冷色调彩绘"河马负图"、"翰墨书卷"等，俱沿袭中国古代传统"五行"相生相克，以"水克火"之说定色调，故将文溯阁这座避火书斋，采用庄严肃穆的冷色调，尤其文溯阁的各条脊上都采用海水流云的雕刻纹饰，更形象地预示着水从天降，以水压火的气势，与此阁的功用和谐。文溯阁东有碑亭一座，为其附属建筑，亭内置乾隆皇帝御制石碑一通，记述了文溯阁的兴建缘由。

在故宫西路建筑组群中，除备皇帝读书养性之文溯阁、仰熙斋外，还有一些供帝王后妃及扈驾王公大臣观赏娱乐的场所，这就是同期兴建的戏台、嘉荫堂等。戏台始建于乾隆四十六年（1781年），整体建筑由扮戏房和演台两部分组成。扮戏房面阔五间，卷

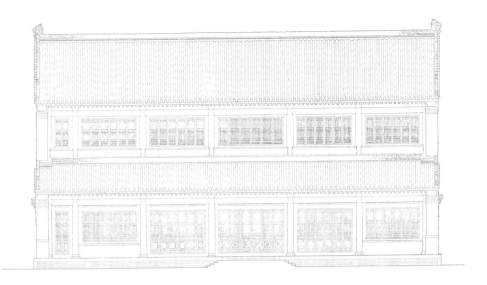

a

b

图10-2 文溯阁正立面图和纵剖面图

文溯阁为七檩五架梁，前后单步梁，重檐硬山式。外观2层，内实3层。上层无廊，下层有廊，成下宽上窄之势。楼高13.35米，上层为一大散间，中间有夹层。外侧置木栏杆，栏杆上设花格窗4扇，形如花罩式半封闭结构。山墙设有琉璃门罩装饰的卷门。

帝王读书逸乐之所

镜境 中国精致建筑100

棚硬山式建筑，青瓦布顶。嘉荫堂建筑前后出廊。明间为皇帝赏戏时御座之处，正面开敞，面对演台。扮戏房两山辟有便门与两侧围廊相通，北面的嘉荫堂两山亦有便门与两侧围廊相连，但原建筑嘉荫堂两山应是封闭的，因为其梢间为帝后小憩之处，君臣一处多有不便。每遇皇帝在故宫赏戏之时，随驾王公大臣便于围廊落座。

这里的戏台为一座面阔9米，进深7米余的卷棚歇山式建筑，梁架由十二根方柱支撑，十二根方柱四楞均起梅花线，漆绿色，平板枋上东、西、北三面置重昂五踩青绿斗栱，额枋下装有倒挂楣子，内有八边形藻井，正中绘坐龙，周围为井字天花。戏台三面开敞，可从不同角度观赏演出。

图10-3 文溯阁碑亭
文溯阁东侧建方形碑亭一座，盝顶翘脊，朱红墙面，木栅栏门，内立石碑，碑阳有乾隆皇帝御制《文溯阁记》，用满汉两种文字书刻。

图10-4 文溯阁外檐彩画（上图）
文溯阁外檐彩画与整座建筑色调十分和谐，俱
为蓝、绿、白等冷色调，其抱头梁及穿插枋上
绘以翰墨书卷等图案。

图10-5 文溯阁隔扇门装饰（下图）
廊柱和直棂隔扇门窗均为绿色。门心板配以白
色团鹤、书函等冷色调图案，在以红、黄色为
基调的宫殿群中显得十分突出。

帝王读书逸乐之所

筑境 中国精致建筑100

图10-6 文溯阁内景

阁内厅北置夹纱隔扇，中设书案，上陈文房四
宝。厅堂上悬乾隆帝书"圣海沿洄"匾。中、
上两层排列《四库全书》等数万帙

图10-7 从嘉荫堂南望戏台
嘉荫堂明间正对戏台，清帝赏戏时就在此处落
座。戏台面阔9米，进深7米。绿色柱四角刻梅
花线。台内顶棚为八边形藻井，圆光内绘满贴金
坐龙，四周彩绘仙鹤天花，整座建筑五彩缤纷。

帝王读书逸乐之所

镜境 中国精致建筑100

嘉庆十年（1805年），仁宗颙琰以震惊京师的川楚陕白莲教起义终于被镇压下去要告祭祖宗山陵为辞，遂兴师动众，于是年七月亲率皇子及王公大臣东巡盛京，拜祭祖陵。在永、福、昭三陵祭拜礼成之后，驻跸盛京旧宫期间，嘉庆皇帝除在宫中举行祭祀、筵宴等庆典活动外，还在嘉荫堂与王公大臣文武百官赏戏，并赐茶赐饭。仁宗在嘉荫堂赏戏时还曾即兴赋诗抒怀：

题额初开竹素园，故宫西院建堂轩。

右文图冶钦光被，嘉庆长承垂荫恩。

十一、奇特的御寒措施
——火地与火炕

盛京皇宫，由于地处塞外，气候寒冷，为能舒适地度过漫长寒冬，必须采取一些保暖防寒措施。在一座皇宫中搭造火炕，铺设火地，如今看来似乎是一种简陋而奇特的御寒措施，但早在三百多年前，满族的先人们就能因地制宜，巧妙地设计出如此实用的御寒措施，不能不说是一大发明创造。

据载早在金代女真人就"环室穿土为床，温火其下，饮食起居其上。"盛京皇宫内亦多设火炕，而且一室之内设有多铺"万字炕"，有的宫室一室竟有七铺炕面之多。火炕遍布各宫，就连值更人员歇宿的崇政殿两翊门也铺设火地火炕。室内设炕，既可解决坐卧起居之需，又可通过诸多炕面散发热量，以保持室内温度。

火地与火炕同理，不过一在地上，一在地面下而已。火地与火炕建造方法相同，就是在地面下砌烟道，使之烘热地面，热量在室内散发，增加室内温度。炕面和地面所铺之砖虽然加热慢，然而一旦加热之后，热量消失得也慢，可使室内较长时间处于恒温状态，有利于人身体健康，水炕与火地相互配合，整日供暖，是极好的取暖设备。盛京皇宫的取暖办法比起民居更高明之处是在室外留灶门和灰坑，这样还可以保持室内清洁。如清宁宫东间寝所分设南、北二炕，在其东间南窗之下砌有八层砖高的"△"形即塔形灶门，高50厘米，宽45厘米。灶门内侧有两个出烟口。灶门下有70厘米×70厘米的方形烧火坑，北炕则有烟道连通

图11-1 清宁宫采暖烟囱

此种烟囱为满族民居特色，是将烟囱与房子分
开，置于屋后空地上。烟囱下宽上窄如塔状，
俗称塔式烟囱。清宁宫内有火地与火炕。

西间，烟从宫后大烟囱冒出。南炕无烟囱，是通过两个回旋形烟道从出烟口出来，这种烟道设置，俗称"二龙吐须"。除清宁宫东间南炕不设烟囱外，其他诸宫也均不设烟囱，而是在室外设烧火坑，在烧火坑两侧的台明处开圆形的出烟孔，取代了烟囱的作用。据说，盛京皇宫内不多砌烟囱是因为烟囱有碍观瞻（清宁宫大烟囱亦置于屋后，从正面难以看见），同时还认为它是不祥之物，故采用"二龙吐须"和台明开排烟孔的排烟方法。

由于清宁宫西四间为神堂，祭礼频繁，杀牲煮"福肉"需快速加热，高温才能煮肉，在北炕外并排安了二口锅灶，室外砌一大烟囱用青砖砌成，下宽上收，由地面垒起，略低于屋脊。从正面见不到烟囱。此种筑法与汉族民居将烟囱沿山墙出屋顶的做法完全不同，是典型的满族及其先人居室烟囱的筑法，满语称之为"呼兰"（hulan）。早期的满族人家多利用一棵棵坏死中空的大树桩为之。清人杨宾在《柳边纪略》中称："烟囱多以完木之自然中虚者为之，久而碎裂则护之以泥或藤缚之上。"今天在长白山区仍可见到此种烟囱。当年皇太极建宫室时，便保持了满族人的这种生活习惯，只是用砖石建筑而已。

十二、神秘的宗教活动

◎ 筑境　中国精致建筑100

满族信仰的神灵极多，特别在入关后受到汉族人的影响，僧、道、喇嘛等无所不信，但唯萨满教为满族人信仰的最古老也最原始的宗教。前述清宁宫为"口袋宫"，除东间为帝后寝居之处外，西四间开敞，室内围成东西北三面环炕。西墙上设神位，西炕则摆放香烛祭器及供品，清太宗皇太极在位期间经常与爱新觉罗氏兄弟子侄在此举行家祭。北炕外间并排的两口巨型大铁锅，就是当年跳萨满杀牲煮祭肉所用。萨满祭祀，不仅皇家，凡满族人家俱以萨满祭祀为重。

图12-1 清宁宫与神杆
清宁宫为五开间，硬山顶，前后出廊，一侧开门，以利于防风御寒。入内东一间为帝后寝所，西四间为萨满祭祀神堂。清宫每每举行祭天活动，庭院中石座上立一红木杆，上安锡斗以盛米谷等，此杆即"索罗杆"，是祭天的神杆。

清宫中的萨满祭祀频繁而隆重。据《满洲祭神祭天典礼》载，"我满洲国，自昔敬天，与神与佛，出于至诚。故创基盛京，即恭建堂子以祀天，又于寝宫正殿（清宁宫）恭建神位以祀佛、菩萨及诸祀位"。清宁宫的萨满祭祀分朝祭、夕祭和背灯祭，还有月祭、四孟朔祭等。宫中供奉多位神，朝祭神有释迦牟尼（称

佛）、观世音菩萨、关帝圣君。佛为小塑像，供于佛龛内。菩萨、关帝为画像。

朝祭自凌晨四时始，先将各神"请出"列于西炕上，供器及酒果等陈炕下。祭祀开始，由上三旗觉罗命妇中挑选会跳萨满的"萨满太太"（后不限于此，有男有女）主祭，跳神时头戴神帽、佩腰铃，持单面鼓，舞神刀，口唱神歌，回旋起舞，并配有三弦、琵琶、拍板等伴奏。若帝后亲临，则于此时行礼。朝祭用牲两口，撤去佛、菩萨，仅向关帝进牲。由司祭太监等进牲两口，用热酒灌猪耳，猪受热摇头谓之"领牲"，即此猪成了沟通天上人间的媒介牺牲。然后杀猪煮肉献神。撤供后君臣围坐炕上食肉，称"吃福肉"。

图12-2 清宁宫祭祀神堂
清宁宫既是帝后正寝，又是萨满祭祀神堂。门内两口巨型大锅是为煮祭肉用的。西墙上供神像，下设神龛、香碟、祭器、礼酒等。神幔两侧的"万福之源"，"合撰延祺"联为乾隆与嘉庆皇帝亲笔所书。

夕祭放在黄昏四五点钟，夕祭神很多，有穆哩罕神、蒙古神、画像神等，祭祀时请的神更多，有纳丹岱珲（七星神）、喀屯诺延（蒙古神），以及阿珲年锡、安春阿雅喇等。祭神时要将神位安放在北炕上，前置供品，有时鲜果品、香碟、净水及糕。祭时司祝萨满亦着闪缎裙，"束腰铃、执手鼓、蹲步颂神歌，以祷鼓、拍板和之，也进牲"。

背灯祭，更充满神秘色彩，满族民间与宫中均行此礼，为夕祭中一项重要仪式，祭时将应进牲肉摆好，并用汤一碗、箸一双供神位前，展挂青绸幕布将门窗遮严，熄灭宫中灯火，除司祝萨满跳神及执鼓，拍板太监外，众人俱退出门外，跳神毕，萨满祷祝三次，将汤碗用箸向上三拨，称"侑食"，意为神灵领受了，然后开门、撤幕、收神像，燃灯如初。传说背灯祭之神为"佛托妈妈"（一说"万历妈妈"），当年曾救过太祖努尔哈赤一命，死时裸体。恐人窥视裸体女人像为不敬，故而灭灯张幕背灯以祭之。

除在清宁宫（入关后在坤宁宫）神堂内祭神外，还要在室外祭天。清宁宫前庭南端竖有一根下方上圆，用红漆髹成的木杆。其底部镶一石座，木杆顶端安有锡斗。此木杆称"索罗杆"，是满族宫廷与民间通用的祭天"神杆"。每当杀牲之后，要以碎肉米谷等放在锡斗内以饲乌鸦、神雀等，谓之"祭天"。关于满族人祭礼"乌鸦神"，在民间有很多传说。多说当年爱新觉罗氏的祖先凡察在被敌人追杀时幸得乌鸦伏盖其身才得以脱逃。凡察大难不死，多亏乌鸦神雀相救，遂使爱新觉罗氏家族得以生息繁衍，并得成大业，建立一代王朝。为了不忘乌鸦救主之恩，后世子孙便在住宅前竖杆以飨乌鸦。但也有人说祭祀乌鸦，是由于原始社会满族先人将乌鸦作为本民族的"图腾"加以崇拜，并代代相传，一直延续下来。

大事年表

朝代	年号	公元纪年	大事记
明	后金天命十年 （明天启五年）	1625年	清太祖努尔哈赤率众从辽阳迁都至沈阳
	天命十一年 （明天启六年）	1626年	努尔哈赤病故，皇太极继位，改元天聪
	天聪六年 （明崇祯五年）	1632年	皇太极废除与三大贝勒并坐受贺的旧制，实现了"南面独尊"，提高了皇权
	天聪十年四月改元崇德 （明崇祯九年）	1636年	皇太极称帝，上"宽温仁圣皇帝"尊号，改元崇德，国号大清，改族名为满洲，并命各宫殿名
	崇德七年 （明崇祯十五年）	1642年	松锦之战大捷，生擒明将洪承畴，破明军十三万，君臣于大政殿行庆贺礼，并设大宴
清	顺治元年 （明崇祯十七年）	1644年	福临继位，改元顺治。顺治帝于大政殿命摄政王多尔衮"代统大军，往定中原"，旋迁都北京
	康熙十年	1671年	康熙皇帝亲率王公大臣首创东巡盛京拜谒祖陵。礼毕，至盛京观赏宫殿，举行安赏活动
	康熙二十一年	1682年	康熙帝以平定"三藩之乱"二次东巡盛京谒陵祭祖。自第一次东巡后，对盛京宫殿等进行一系列修缮
	康熙三十七年	1698年	康熙帝亲征准噶尔部，平定噶尔丹叛乱。奉孝惠章皇后博尔济吉特氏第三次东巡盛京告祭祖陵，并于盛京宫殿举行隆重的宴赏活动

朝代	年号	公元纪年	大事记
清	乾隆八年	1743年	乾隆帝遵祖制东巡盛京谒陵，于大政殿赐王公大臣等宴，并亲作《御制盛京赋》并序
	乾隆十一至十三年	1746—1748年	乾隆帝东巡盛京，审度宫殿规制后，命修建崇政殿等处并增建东、西所行宫，以及敬典阁、崇谟阁、典藏所等建筑百余间
	乾隆十九年	1754年	乾隆帝奉皇太后及皇子皇孙等第二次东巡盛京谒陵祭祖，驻跸东西所行宫
	乾隆四十三年	1778年	乾隆帝第三次东巡盛京谒陵，敕命修建盛京天、地坛，并移建太庙于大清门东侧原明三官庙旧址
	乾隆四十六年	1781年	乾隆帝特命于盛京旧宫内建文溯阁尊藏《四库全书》等殿版书籍，并建嘉荫堂、戏台等西路建筑
	乾隆四十八年	1783年	乾隆帝第四次也是最后一次巡幸盛京祭陵，并至太庙行礼，驻跸盛京行宫，命改建盛京三陵及大清门外下马木牌为石碑，御制《文溯阁记》
	嘉庆十年	1805年	嘉庆帝首次东巡盛京，拜祭永、福、昭三陵，至太庙行礼，驻跸盛京宫殿，宴赏如例。同时于嘉荫堂赏戏
	嘉庆二十三年	1818年	嘉庆帝二次东巡盛京祭祖陵，宴赏如例，御制《再举东巡展谒三陵大礼庆成记》

朝代	年号	公元纪年	大事记
清	道光九年	1829年	道光帝奉皇太后巡幸盛京谒陵，由于国库空虚，只将清宁官大清门等处"择要沾补，油饰见新"而已，未做重大修缮
	咸丰八年	1858年	咸丰帝命将先皇仁宗的圣容及宣宗的实录、圣训及玉牒册、宝等送盛京崇谟阁、敬典阁等处尊藏
	同治七年	1868年	同治帝遣官将文宗圣容及实录、圣训、玉牒及玉宝、玉册等恭送盛京尊藏
	光绪二十六年	1900年	沙俄侵略军占领盛京官殿，盛京将军增祺、副都统晋昌弃城出逃
	光绪三十一年	1905年	日人内藤虎次郎以记者身份入盛京官殿崇谟阁，得见《满文老档》等清初史料，并将《满文旧档》晒蓝本带回日本
中华民国	元年	1912年	内藤虎次郎再次入盛京旧宫，并拍摄《满文老档》及《五体清文》等，将底片携归日本
	3年	1914年	经北洋政府内务部决定，调奉天官殿各类文物十一万余件至北京故宫古物陈列所
	4年	1915年	调文溯阁《四库全书》及《古今图书集成》到北京古物陈列所
	13年	1924年	日本满铁工业学校助教授伊藤清造率学生入奉天官殿考察，并测绘各主要官殿建筑，拍摄大量照片，之后，出版了《奉天官殿研究》等

朝代	年号	公元纪年	大事记
中华民国	14年	1925年	经奉天教育会会长冯广民多方请求，并得到张学良将军的支持，将文溯阁原藏《四库全书》等运回
	15年	1926年	经奉天省政府批准，决定于奉天故宫成立东三省博物馆，开始筹办建馆事宜
	21年	1932年	沈阳沦陷。成立伪满奉天故宫博物馆
	35年	1946年	抗战胜利，恢复中路宫殿及崇谟阁等陈列室对外开放
	36年	1947年	沈阳博物院古物馆正式迁入故宫。10月，举办"东北文物展览会"，展出东北地方及故宫原藏文物
	37年	1948年	沈阳博物院古物、图书两馆藏玉宝、玉册等珍贵文物运往北京，沈阳博物院筹委会总办公处移入故宫
中华人民共和国		1949年	1月，人民政府在沈阳故宫设立"故宫陈列所"由战效忱负责开始清点遗物，发现明代信牌档一千余件
		1954年	国家决定于沈阳故宫成立清代历史与艺术性质的沈阳故宫博物馆
		1961年	经国务院批准，沈阳故宫为全国重点文物保护单位
		2004年	清沈阳故宫被列入世界文化遗产名录

图书在版编目（CIP）数据

沈阳故宫/王佩环等撰文/张振光等摄影/刘培成等绘图.—北京：中国建筑工业出版社，2013.10
（中国精致建筑100）
ISBN 978-7-112-15766-2

Ⅰ.①沈… Ⅱ.①王…②张…③刘… Ⅲ.①故宫–建筑艺术–沈阳市–图集 Ⅳ.① TU–881.2

中国版本图书馆CIP数据核字（2013）第200920号

◎中国建筑工业出版社

责任编辑：董苏华 张惠珍 孙立波
技术编辑：李建云 赵子宽
图片编辑：张振光
美术编辑：赵　清 康　羽
书籍设计：瀚清堂·赵　清 周伟伟 康　羽
责任校对：张慧丽 陈晶晶 关　健
图文统筹：廖晓明 孙　梅 骆毓华
责任印制：郭希增 臧红心
材料统筹：方承艺

中国精致建筑100

沈阳故宫

王佩环 陈伯超 撰文/张振光 郝明亮 陈伯超 摄影/刘培成 王庆喜 梁彦彬 温树璠 陈伯超 绘图

中国建筑工业出版社出版、发行（北京西郊百万庄）
各地新华书店、建筑书店经销
南京瀚清堂设计有限公司制版
北京顺诚彩色印刷有限公司印刷

开本：889×710毫米　1/32　印张：3　插页：1　字数：125千字
2015年9月第一版　2015年9月第一次印刷
定价：**48.00**元
ISBN 978-7-112-15766-2
　　　（24334）